Thomas Riegler

1959

Technik aus deinem Geburtsjahr

Du bist so alt
wie der ...

Mini©

FRANZIS

Eine Zeitreise in Ihr Geburtsjahr

Jedes Jahr bringt neue technische Erfindungen, Gadgets, Highlights und Flops mit sich. Gerne erinnern wir uns zurück an die technischen Spielzeuge aus unseren Kindheitstagen, aber auch an die bahnbrechenden Entdeckungen und Produkteinführungen, die das Leben für immer veränderten.

1959 war ein ganz besonderes Jahr. Gehen Sie auf Zeitreise und lassen Sie sich von Autor Thomas Riegler in Staunen versetzen, was in Ihrem Geburtsjahr alles los war!

Liebes Geburtstagskind, ...

1959

1959

1959 * TECHNIK AUS DEINEM GEBURTSJAHR * FRANZIS

FRANZIS * 1959 * 1959 * FRANZIS * TECHNIK AUS DEINEM GEBURTSJAHR

Inhaltsverzeichnis

Wirtschaftswunderzeit

1959 feierten BRD und DDR ihren zehnten Geburtstag. Grund genug zum Feiern, zumindest in der BRD. Schließlich ging es den Westdeutschen so gut wie nie zuvor. Heute alltägliche Konsumgüter waren gerade dabei, die westdeutschen Haushalte zu erobern – egal, ob es sich um verschiedene elektrische Gehilfen in der Küche oder den Fernseher im Wohnzimmer handelte. Zwar konnte man 1959 im TV nur ein Programm empfangen, dennoch war allein von 1958 auf 1959 die Zahl der angemeldeten Fernseher von 1.513.317 auf 2.529.072 gestiegen.

1959 war auch das Jahr großer politischer Veränderungen. So übernahmen auf Kuba die Revolutionäre unter Fidel Castro die Macht, der US-Vizepräsident Nixon reiste in die UdSSR und der sowjetische Partei- und Regierungschef Chruschtschow in die USA. Beide waren um Verständigung und um ein Abklingen des Kalten Kriegs bemüht.

Des Weiteren wurden 1959 viele große, die Welt verändernde Entdeckungen gemacht. Die ersten Sonden erreichten den Mond und schossen erste Fotos von seiner Rückseite, dank Floatglasverfahren konnte ab sofort Glas in einer Qualität erzeugt werden, wie sie heute für uns normal ist, und die ersten bezahlbaren Computer und Kopierer kamen auf den Markt.

Zu guter Letzt erblickten in diesem Jahr auch die Barbiepuppe und Asterix das Licht der Welt und begeistern uns bis heute. Mit »Ben Hur« kam im selben Jahr einer der größten Monumentalfilme aller Zeiten in die Kinos. In der Hauptrolle spielte Charlton Heston den Judah Ben-Hur.

Timeline

1. Januar
In Mainflingen bei Frankfurt am Main nimmt der deutsche Zeitzeichensender DCF77 seinen regulären Betrieb auf. Er versorgt Funkuhren im Umkreis von ca. 1.500 km mit der korrekten Zeit.

2. Januar
Die Sowjetunion startet mit Lunik 1 die erste Raumsonde der Geschichte. Sie fliegt nahe am Mond vorbei und liefert unter anderem wertvolle Erkenntnisse zum Sonnenwind.

2. Januar
Der kubanische Revolutionsführer Fidel Castro rückt mit seinen Truppen in die kubanische Hauptstadt Havanna ein. Die Regierungstruppen kapitulieren.

3. Januar
Alaska wird der 49. Bundesstaat der USA.

9. Januar
Die nordspanische Talsperre Vega de Tera bricht teilweise zusammen. Etwa 145 Menschen sterben durch die dadurch verursachte Flutwelle.

11. Januar
Beim Anflug auf Rio de Janeiro stürzt die Maschine L1049 der Lufthansa ab. Neben allen 29 Passagieren sterben auch sieben Besatzungsmitglieder.

20. Januar
Die Vickers Vanguard hebt zu ihrem Erstflug ab. Sie ist das letzte große europäische Passagierflugzeug mit Propellerantrieb.

25. Januar
Papst Johannes XXIII. beruft das II. Vatikanische Konzil ein.

3. Februar
Beim Absturz einer Beechcraft Bonanza, einem einmotorigen Kleinflugzeug für vier Passagiere, bei Mason City, Iowa, kommen die drei Rock-'n'-Roll-Stars Buddy Holly, Ritchie Valens und The Big Bopper ums Leben.

16. Februar
Der US-amerikanische Top-Tennis-spieler John McEnroe kommt im deutschen Wiesbaden zur Welt.

16. Februar
Der 31-jährige Revolutionsführer Fidel Castro übernimmt das Amt des kubanischen Ministerpräsidenten.

3. März
Das Spielkasino in Nizza muss geschlossen werden, nachdem zwei Briten und ein Indonesier binnen weniger Stunden 80 Millionen Franc gewonnen und die Bank gesprengt haben.

9. März
Die Barbiepuppe wird auf einer Spielwarenmesse in New York vorgestellt.

8. April
Nach 51 Jahren wird die Prohibition im US-Bundesstaat Oklahoma durch eine Volksabstimmung aufgehoben. Im Bundesstaat Mississippi gilt das Alkoholverbot weiter.

11. April
In Österreich erscheint die erste Ausgabe der Neuen Kronen Zeitung. Die Krone, wie sie auch gern genannt wird, wird sich zur reichweitenstärksten Tageszeitung Österreichs entwickeln.

2. Mai
Deutsche Bank, Dresdner Bank und Commerzbank beginnen mit der Vergabe von Kleinkrediten für Privatpersonen auf breiter Basis.

4. Mai
Die schwedische Schauspielerin Inger Nilsson kommt im rund 200 km südlich von Stockholm gelegenen Kisa zur Welt. Bekannt bei uns wird sie in ihrer Rolle als Pippi Langstrumpf in der gleichnamigen Kinderserie.

28. Mai
Erstmals bergen die USA eine von einem Weltraumflug zurückkehrende Besatzung. Die beiden Affen erfreuen sich bester Gesundheit.

19. Juni
In Osnabrück kommt Christian Wulff zur Welt. Von 2010 bis 2012 wird er der zehnte Bundespräsident der Bundesrepublik Deutschland werden.

19. Juni
Die Ministerpräsidenten der Bundesländer verabschieden den Entwurf eines Staatsvertrags über die Organisation eines zweiten Fernsehprogramms in Deutschland. Der Vorschlag wird von Bundeskanzler Konrad Adenauer abgelehnt.

6. Juli
Im 1957 in die BRD eingegliederten Saarland wird die Deutsche Mark als Zahlungsmittel eingeführt. Zuvor nutzte man den Saar-Franken als Zahlungsmittel.

11. Juli
Der österreichische Film- und Theaterschauspieler Tobias Moretti kommt im Tiroler Gries am Brenner zur Welt.

17. Juli
In der tansanischen Olduvai-Schlucht werden die ältesten Schädelreste eines Vorfahren der Menschen gefunden. Der Paranthropus boisei, so die Bezeichnung dieser Primatenart, lebte vor etwa 2 Millionen Jahren.

1. August
Erstmals kann an bundesdeutschen Tankstellen mit Tankschecks bargeldlos bezahlt werden.

18. August
In Großbritannien kommt der Kleinwagen Mini auf den Markt. Den Namen Mini wird er aber erst 1969 bekommen, zunächst heißt er unter anderem Austin Seven und Morris Mini Minor.

21. August
Hawaii wird zum 50. Bundesstaat der USA proklamiert.

23. August

Ein Bauer aus dem ostdeutschen Thüringen flüchtet mit seiner Familie und 14 Kühen in die Bundesrepublik.

5. September

Am Flughafen von Frankfurt am Main wird die längste Startbahn Europas eingeweiht. Sie ist 3.900 m lang.

12. September

Die sowjetische Mondsonde Lunik 2 erreicht als erster Flugkörper der Erde den Mond und schlägt wie geplant darauf auf.

12. September

Das US-amerikanische Network NBC strahlt die erste Folge der Serie Bonanza aus. Ab 1967 wird auch das ZDF alle Folgen ausstrahlen.

12. September

In Goslar wird der deutsche SPD-Politiker Sigmar Gabriel geboren. Von 2013 bis 2018 wird er deutscher Vizekanzler sein.

15. September

Mit dem Atomeisbrecher Lenin sticht das erste zivile mit Atomkraft betriebene Schiff in See.

18. September

Wegen einer langen Trockenperiode muss in zahlreichen Gemeinden Niedersachsens das Trinkwasser rationiert werden. Die Wasserversorgung erfolgt per Tankwagen.

1. Oktober

Die DDR führt eine neue Nationalflagge ein.

4. Oktober

Die sowjetische Mondsonde Lunik 3 wird erfolgreich gestartet. Wenige Tage später wird sie die ersten Bilder von der Rückseite des Mondes zur Erde funken.

29. Oktober

In der Erstausgabe des französischen Jugendmagazins erscheint die erste Folge von Asterix der Gallier. Asterix wurde extra für dieses Magazin kreiert.

5. November

Der kanadische Rocksänger und Komponist Bryan Adams kommt in Kingston, Ontario, zur Welt.

2. Dezember

Beim Einsturz der südfranzösischen Staumauer Malpasset werden durch eine Flutwelle rund 420 Menschen in den Tod gerissen.

Deutschland in Zahlen

1959 existierten die beiden deutschen Staaten, die BRD im Westen und die DDR im Osten, bereits seit zehn Jahren. Demzufolge gibt es für diese Zeit keine gemeinsamen Statistiken.

Bevölkerung
1959 verzeichnete die BRD inklusive Westberlin und dem Saarland 55.256.500 Einwohner. In der DDR waren es 17.298.000.

Geburten
1959 kamen in Deutschland 1.243.922 Kinder zur Welt. Die beliebtesten Vornamen des Jahres waren für Mädchen Sabine, Petra, Susanne, Birgit und Gabriele, bei den Jungen waren es Michael, Thomas, Andreas, Peter und Klaus.

Lebenserwartung
1959 betrug die Lebenserwartung bei Männern in der BRD rund 66,8 und in der DDR 66,3 Jahre. Frauen wurden im Westen im Durchschnitt 72 und im Osten 70,9 Jahre alt. Aktuell liegt sie bei Männern bei rund 78,2 und bei Frauen bei 83 Jahren.

Energiepreise
Die Kosten für Treibstoff und Strom 1959 wirken zunächst gering. Berücksichtigt man den durchschnittlichen Monatslohn von rund 195 Euro im Jahr 1959, erscheinen die Energiekosten in einem ganz anderen Licht.

Benzin:	0,63 DM/Liter	Heizöl:	0,24 DM/Liter
Diesel:	0,51 DM/Liter	Strom:	0,16 DM/kWh

Eisenbahnnetz
Das Streckennetz der Deutschen Bundesbahn umfasste 1959 eine Gesamtlänge von 30.970 km. Davon waren:

elektrifizierte Strecken:	3.462 km	eingleisige Strecken:	18.289 km
Hauptbahnen:	18.656 km	mehrgleisige Strecken:	339 km
Nebenbahnen:	12.314 km	Schmalspurbahnen:	184 km
zweigleisige Strecken:	12.342 km		

Straßennetz

Das Straßennetz in der BRD erstreckte sich 1959 über 132.900 km. Davon entfielen auf Autobahnen 2.408 km und auf Bundesstraßen 24.423 km.

Kraftfahrzeuge

Bestand an Kraftfahrzeugen im Bundesgebiet der BRD mit Stichtag 1. Juli 1959:

einspurige Krafträder:	1.989.400	Lkws:	603.600
Pkws und Krankenwagen:	3.337.600	Zugmaschinen:	784.100
Autobusse:	30.100		

Kraftfahrzeugneuanmeldungen

1959 wurden an fabrikneuen Fahrzeugen angemeldet:

einspurige Krafträder:	55.654	Lkws:	80.537
Pkws:	746.807	Autobusse:	3.386
Krankenwagen:	535	Zugmaschinen:	93.422

Unfälle

In der BRD inklusive Westberlin ereigneten sich 1959 327.594 Unfälle mit Personenschaden. Dabei mussten 13.819 Personen ihr Leben lassen, 419.835 Verletzte gab es bei den Unfällen zu beklagen. Darüber hinaus ereigneten sich 1959 515.817 Unfälle nur mit Sachschaden.

Rundfunkteilnehmer

Am 1. April 1959 hatten in der BRD inklusive Westberlin 15.509.000 Personen ein Radiogerät angemeldet. Die monatliche Rundfunkgebühr betrug 2 DM. Außerdem besaßen zum Stichtag 2.529.072 Personen einen Fernseher. Die Fernsehgebühr betrug damals monatlich 5 DM. Ein TV-Gerät konnte nur zusätzlich zu einem Radio angemeldet werden.

1959

Die Besten des Jahres 1959

Kino 1959

Im Kino von 1959 dominierten Hollywoodproduktionen, darunter viele Streifen, die inzwischen große Klassiker sind und auch heute noch gern gesehen werden.

- ▶ Der unsichtbare Dritte
- ▶ Manche mögen's heiß
- ▶ Sie küssten und sie schlugen ihn
- ▶ Die Brücke
- ▶ Ben Hur
- ▶ Hiroshima mon amour
- ▶ Rio Bravo
- ▶ Solange es Menschen gibt
- ▶ Bettgeflüster
- ▶ Anatomie eines Mordes

Eurovision Song Contest 1959

Am 11. März 1959 wurde der Grand Prix Eurovision De La Chanson Européenne zum vierten Mal veranstaltet. Austragungsort war das französische Cannes. Am Bewerb nahmen elf Nationen teil. Sieger wurden die Niederlande mit dem von Teddy Scholten vorgetragenen Lied »'N beetje«. Platz vier belegte Christa Williams mit »Irgendwoher« für die Schweiz. Die Kessler-Zwillinge belegten mit »Heute Abend wollen wir tanzen geh'n« Platz acht für Deutschland. Österreich ersang sich mit Ferry Grafs »Derk. und k. Kalypso aus Wien« Platz neun.

Automobilweltmeisterschaft 1959

1. Jack Brabham   AUS   Cooper
2. Tony Brooks   GB   Ferrari/Vanwall
3. Stirling Moss   GB   Cooper/B.R.M.
4. Phil Hill   USA   Ferrari
5. Maurice Trintignant   F   Cooper

1959 sprach man anstatt von der Formel 1 noch von der Automobil-WM.

Die beliebtesten Schlager 1959

1. Die Gitarre und das Meer   Freddy Quinn
2. Am Tag, als der Regen kam   Dalida
3. Petite Fleur   Chris Barber
4. Tom Dooley   Nilsen Brothers
5. La Paloma   Billy Vaughn
6. Tom Dooley   Kingston Trio
7. Morgen   Ivo Robic
8. Souvenirs, Souvenirs   Bill Ramsey
9. Charly Brown   Hans Blum
10. Kriminal Tango   Hazy Osterwald Sextett

Deutsche Fußballmeisterschaft 1959

An der deutschen Fußballmeisterschaft 1959 nahmen acht Mannschaften teil. Am 28. Juni 1959 schlug Eintracht Frankfurt im Olympiastadion Berlin vor 75.000 Zuschauern die Kickers Offenbach mit 5 : 3 nach Verlängerung.

Vermessung der Zeit

Am 1. Januar 1959 nahm die Deutsche Bundespost die offizielle Ausstrahlung von Zeitsignalen über den Langwellensender Mainflingen in der Nähe von Frankfurt am Main auf. Zum Einsatz kamen drei 200-m-Masten mit Dachkapazität. Der Sender war weit über die deutschen Grenzen als DCF77 bekannt. Er sendete auf 77,5 kHz mit einer Leistung von 50 kW und war im Umkreis von etwa 2.000 km empfangbar. Das entspricht der Distanz zum Beispiel bis Moskau, bis zur Inselgruppe Lofoten in Nordnorwegen, bis Gibraltar oder bis Tripolis in Libyen.

Von Beginn an wurde über DCF77 die exakte Zeit ausgestrahlt. Sie stammte von einer direkt beim Sender aufgestellten Steuereinrichtung mit drei Atomuhren, die von der Physikalisch-Technischen Bundesanstalt Braunschweig entwickelt worden war.

Die Uhrzeit wurde seit 1959 mit einer im Sekundentakt abgesenkten Signalmodulation angegeben. Der Beginn dieser Absenkung signalisierte den Beginn einer neuen Sekunde. Zur 59. Sekunde erfolgte keine Absenkung, womit die neue Minute kenntlich gemacht wurde. Seit 1973 wird das Zeitsignal zusätzlich digital übertragen.

Über Jahrzehnte hinweg diente das DCF77-Signal primär der Steuerung großer Uhrenanlagen, bei denen die korrekte Zeit eine große Rolle spielte. Die erste per DCF77 gesteuerte Funkarmbanduhr kam erst 1990 auf den Markt.

Die letzte große Propellermaschine

Am 20. Januar 1959 hob in Großbritannien die Vickers Vanguard zu ihrem Erstflug ab. Die Vanguard war die letzte große europäische Passagiermaschine mit Propellerantrieb. Die viermotorige Turboprop-Maschine war für Kurz- und Mittelstrecken konzipiert. Sie war eine der ersten Passagiermaschinen mit zwei Geschossen. Während in der oberen Etage bis zu 139 Passagiere und drei Crewmitglieder Platz fanden, bot sich in der unteren Etage reichlich Raum für Gepäck und zu transportierende Güter. Das Pflichtenheft der Maschine sah eine Nutzlast von rund 9,5 Tonnen vor. Durch den Einsatz leistungsstärkerer Rolls-Royce-Triebwerke des Typs Tyne R.Ty.11 Mk512 mit einer Leistung von 4.076 kW ließ sich diese Nutzlast sogar noch steigern.

Die Trans-Canada Air Lines nahmen am 1. Februar 1961 mit 23 Vanguards den planmäßigen Flugbetrieb auf. Die British European Airways folgten einen Monat später mit 20 Maschinen. Bis 1962 wurden nur 44 Stück der Vickers Vanguard gebaut. Sie blieb bis etwa 1970 im Passagierdienst im Einsatz. Mit ihr zu reisen war nicht mehr attraktiv. Mit einer Höchstgeschwindigkeit von 684 km/h flog sie bedeutend langsamer als die inzwischen weitverbreiteten Düsenflugzeuge.

Wegen ihrer großen Zuverlässigkeit wurden die meisten Vanguards zu Transportmaschinen umgebaut, die letzte davon wurde 1996 außer Dienst gestellt. Bis zum Schluss galten diese Flugzeuge als äußerst zuverlässig. Die meisten ihrer Unfälle, bei denen fünf Maschinen zerstört wurden und 210 Menschen ihr Leben verloren, waren auf menschliches Versagen zurückzuführen.

Luxus-Spielzeug: die Barbie

Auf der Spielwarenmesse American Toy Fair wurde am 9. März 1959 die erste Barbiepuppe vorgestellt. Sie wurde von der US-Firma Mattel produziert und anfangs nur auf dem amerikanischen Markt verkauft.

Das Mattel-Gründerehepaar Ruth und Ellioth Handler spielten schon seit Jahren mit der Idee, eine Anziehpuppe in Form eines Mannequins zu entwickeln. Auf einer Europareise fanden sie in einem Schaufenster eine 30 cm große Puppe, deren Aussehen den Vorstellungen der Handlers genau entsprach. Es handelte sich um die BILD-Lilli. Sie war einige Jahre zuvor von der deutschen BILD-Zeitung herausgebracht worden, nachdem sie als Comic bereits bekannt war.

Genau genommen handelt es sich bei der Barbiepuppe nur um eine Kopie der deutschen BILD-Lilli. Erst nachdem Mattel 1964 die Vermarktungsrechte an der BILD-Lilli erwarb, wurde ihre Produktion hierzulande eingestellt, und die Barbiepuppe konnte auch in Deutschland verkauft werden.

Ihren Namen erhielt die heute bekannteste Puppe der Welt von der Tochter der Handlers, die Barbara hieß. Barbies Freund Ken gibt es seit 1961. Er wurde nach dem Sohn des Gründerehepaars, Kenneth, benannt.

In den ersten Jahren war Barbie ein echter Luxusartikel. 1959 kostete sie 3 Dollar, was damals 12 DM entsprach. Hinzu kam noch das Geld für die Kleidung, für die damals gern edle Materialien wie Brokat und Seide verwendet wurden.

Im Laufe der Jahrzehnte wurde aus der Puppe, die einst als deutsches Comic ihren Anfang nahm, eine ganze Familie. Längst ist rund um Barbie eine große Produktpalette entstanden, darunter Bücher, Filme, Hörspiele und unzählige Artikel vom Schreibset bis zur Schultasche.

Etch A Sketch

Mit Etch A Sketch wurde 1959 auf der Nürnberger Spielwarenmesse die erste Variante der Zaubertafel vorgestellt. Ihre Form erinnert eine Schultafel und lädt Kinder zum Zeichnen ein. Diese benötigen dazu aber weder Kreide noch einen Bleistift. Stattdessen malen sie, indem sie durch Drehen an zwei Knöpfen einen im Inneren der Tafel angebrachten Stift in der x- und y-Achse bewegen. Die Zeichenfläche besteht aus einer durchsichtigen Scheibe, an deren Innenseite ein klebriges, silbern glänzendes Pulver aus Aluminium und Polystrol abgeschabt wird, das auf den Boden in der Tafel fällt.

Damit wird in diesem Bereich der Blick ins dunkle Innere der Zaubertafel sichtbar, sodass der Strich schwarz erscheint. Soll ein Bild wieder gelöscht werden, braucht die Zaubertafel nur umgedreht und etwas geschüttelt zu werden. Dabei wird das Pulver wieder auf der Zeichenfläche verteilt.

Etch A Sketch begeistert Jung und Alt, weil es ein ganz spezielles Zeichenerlebnis vermittelt. Mit den beiden Drehreglern einen Kreis zu zeichnen ist eine weitaus größere Herausforderung, als ihn einfach mit einem Stift auf ein Blatt Papier zu malen. Außerdem lässt sich der Stift der Zaubertafel nicht absetzen. Daher muss man sich ganz genau überlegen, wie man seine Zeichnung aufbaut.

Die Begeisterung für Etch A Sketch hat seit 1959 nicht nachgelassen. Die Zaubertafel gibt es noch heute zu kaufen.

Telefonscherze

Ende der 1950er war das Telefon in deutschen Haushalten noch so etwas wie ein Luxusgut. Telefonieren war zudem teuer, und so wurde der Apparat nur genutzt, wenn es absolut nötig war. Da sich aber der Selbstwählverkehr allmählich durchsetzte, erkannten Jugendliche, aber auch ein paar Erwachsene, das im Telefon steckende Spaßpotenzial.

Da kam es schon mal vor, dass sich die Kinder das Telefonbuch schnappten und es nach lustigen Namen durchforsteten, wenn die Eltern nicht zu Hause waren. Dann wurde angerufen und das Gegenüber zum Narren gehalten. Das ging ja leicht. Telefonieren war zu der Zeit absolut anonym, und der Angerufene sah nicht, von wem er belästigt wurde. Derlei Telefonscherze hielten sich, bis das aufkommende Digitalzeitalter Rufnummernanzeigen mit sich brachte.

Bis dahin sollten aber noch Jahrzehnte vergehen. Zeit genug, um Herrn Schlagzu zu fragen, warum er zuschlägt, oder Frau Schneider zu bitten, eine kaputte Hose zu nähen. Auch mancher Taxichauffeur dürfte seine »Freude« damit gehabt haben, zu einem Ort bestellt worden zu sein, an dem kein Fahrgast wartete.

Malefiz

Das Brettspiel Malefiz wurde 1959 von dem damals 26-jährigen Bäcke-reiangestellten Werner Schöppner erfunden. In seinen Grundzügen ist das Spiel mit »Mensch ärgere Dich nicht« verwandt.

Jeder der zwei bis vier Spieler besitzt fünf Kegel. Ziel ist es, einen dieser Kegel ins Ziel zu bringen. Anders als bei »Mensch ärgere Dich nicht« ist die Spielrichtung bei Malefiz nicht vorgegeben. Jeder Spieler kann selbst bestimmen, wie er den über sieben Ebenen führenden Weg vom Start zum Ziel bewältigt. So kann er seine Spielsteine beliebig bewegen und in das Spiel eingebaute Blockaden umgehen. Würfelt er die richtige Augenzahl, kann er die Blockaden auch schlagen und aus dem Weg räu-men. Er darf sie sogar an beliebiger Stelle auf dem Spielbrett platzieren, etwa um Gegnern den Weg zum Ziel zu erschweren. Auch gegnerische Spielkegel können mit der richtig gewürfelten Zahl geschlagen werden. Sie müssen dann zurück an den Start.

Seit seiner Veröffentlichung sorgt Malefiz für Spaß und Spannung in der ganzen Familie. Das Spiel wurde im deutschen Sprachraum bereits über 5 Millionen Mal verkauft. Unter dem Namen Barricade wurde es auch in andere Länder exportiert. Seit 2004 ist es als Computerspiel erhältlich.

Deutsche Autotrends 1959

Im Vergleich zu den Vorjahren war bereits stark zu merken, wie sehr sich die Straßen bis 1959 gefüllt hatten. Mitten in den Wirtschaftswunderjahren hatten die Deutschen genug Geld, sich ein eigenes Auto zu leisten – wobei es ihnen nicht mehr rein den fahrbaren Untersatz ging. Hatten noch vor wenigen Jahren Klein- und Kleinstwagen sowie Motorroller reißenden Absatz gefunden, lag 1959 der Fokus bereits auf mehr Leistung und Komfort. Man begann, sich für die Mittelklasse zu interessieren. Man wollte einfach zeigen, was man sich leisten kann. Und da war ein wenig Protzen schon erlaubt.

1959 gelangten die von den US-Cars der 1950er bekannten Heckflossen nach Deutschland. Sie erfüllten zwar keine Funktion, wurden aber als schön empfunden. Auf dem neuen DKW Junior fand man sie ebenso wie auf dem Lloyd Arabella, dem NSU Sport Prinz und dem BMW 700. Selbst der Mercedes 220 wurde mit Heckflossen verziert. Den Opel Kapitän nahm man sogar kurzfristig vom Markt, um ihn kurz darauf mit dem US-Designelement wieder anzubieten.

Nur der VW Käfer machte den Trend nicht mit. Er sah aus wie eh und je. Seine zeitlose Eleganz und die sprichwörtlichen VW-Qualitäten trugen auch 1959 zu seinem anhaltenden Erfolg bei. Mit fast 230.000 verkauften Einheiten war er der meistgekaufte Wagen des Jahres 1959 in der BRD.

Verkannte Schönheit

Der BMW 507 war ein schnittiger Roadster, den der bayerische Autobauer seit 1956 herstellte. Heute gilt er als das schönste Fahrzeug seiner Gattung überhaupt und ist von Sammlern heiß begehrt. Für ein gut erhaltenes Modell muss man heute bis zu eine halbe Million Euro auf den Tisch blättern.

In den späten 1950ern war der BMW 507 jedoch alles andere als begehrt. Er war ein Ladenhüter und Flop sondergleichen. Dies veranlasste BMW, die Produktion des Wagens im Jahr 1959 einzustellen, nachdem bis dahin nur 251 Einheiten verkauft worden waren. Erwärmen für den 507er konnten sich bekannte Stars wie Elvis Presley, Alain Delon, Toni Sailer und Ursula Andress.

Gründe für den einstigen Misserfolg mag es viele gegeben haben. Wahrscheinlich war den potenziellen Kunden der Verkaufspreis von 27.000 Mark zu hoch. Oder war es der 3,2-Liter-V8-Motor in Leichtmetallbauweise, der bis zu 110 kW (150 PS) lieferte und den Wagen in 11,5 Sekunden von 0 auf 100 km/h beschleunigte? Oder war es der hohe Benzinverbrauch von 17 Litern pro 100 km? Oder die aus damals unüblichem Aluminium gefertigte Karosserie?

Rund 40 Jahre nachdem der BMW 507 aus dem Programm genommen werden musste, erinnerte man sich seiner wieder und nutzte ihn als Grundlage für den BMW Z8, der von 2000 bis 2008 in Handarbeit über 5.700 Mal gebaut wurde.

FAHRZEUGDATEN	
Typ:	BMW 507
Modell:	Roadster
Baujahr:	1956–1959
Länge:	4.380 mm
Breite:	1.650 mm
Höhe:	1.300 mm
Radstand:	2.840 mm
Leergewicht:	ca. 1.330 kg
Antriebsart:	Hinterrad
Höchstgeschwindigkeit:	ca. 190 km/h
Verbrauch:	ca. 17 Liter/100 km

MOTORDATEN	
Zylinder:	V8
Takte:	4
System:	Ottomotor
Hubraum:	3.168 cm^3
Bohrung:	82 mm
Hub:	75 mm
Leistung:	110 kW (150 PS)

Erstes ziviles Nuklearschiff

Mit dem Atomeisbrecher Lenin stach am 15. September 1959 das erste zivile mit Atomkraft betriebene Schiff in See. Der Stapellauf fand bereits am 5. Dezember 1957 statt. Die Lenin verfügte anfangs über drei Kernreaktoren des Typs OK-150, von denen jeder eine Leistung von 90 MW hatte. Mit Ihnen wurde mithilfe von vier Dampfturbinen und Generatoren Strom erzeugt, mit dem über vier Elektromotoren drei Propeller angetrieben wurden. Die Maschinenleistung betrug 32.400 kW (44.000 PS). Damit erreichte der Eisbrecher eine Höchstgeschwindigkeit von 18 Knoten (rund 33 km/h). Auf dem 134 m langen und 27,6 m breiten Eisbrecher versahen 243 Mann ihren Dienst. Sein Tiefgang lag bei maximal 10,5 m, seine Verdrängung bei 16.000 Tonnen.

Während seiner Betriebszeit gab es zwei nukleare Unfälle. Der erste ereignete sich 1965. Durch ein Versehen wurde das Kühlmittel des zweiten Reaktors entfernt, ehe die Brennelemente entnommen wurden. Diese verschmolzen zum Teil, was einen Austausch des gesamten Reaktorbehälters erforderlich machte. 1967 trat im Rohrsystem des dritten Reaktors ein Leck auf. Zur Schadenslokalisierung musste der Reaktorschild geöffnet werden. Der Gesamtschaden hatte zur Folge, dass die Lenin bis 1970 anstelle der drei alten Reaktoren mit neuen, leistungsstärkeren Reaktoren des Typs OK-900 mit einer Leistung von je 171 MW ausgestattet wurde. Mit ihnen fuhr die Lenin, bis sie 1989 außer Dienst gestellt wurde. Ein Jahr später wurde der verbrauchte Kernbrennstoff aus den Reaktoren entfernt. Heute dient der erste Atomeisbrecher der Welt als Museumsschiff, das im Hafen von Murmansk vor Anker liegt.

In der zivilen Seefahrt spielt der Atomantrieb bis in die Gegenwart kaum eine Rolle. Der Lenin folgten bis heute nur zwölf Schiffe, darunter je ein Frachtschiff aus den USA, Deutschland und Japan, von denen die beiden letztgenannten während ihrer Betriebszeit auf konventionelle Antriebe umgerüstet wurden. Gegenwärtig unterhält Russland neben einem Frachter fünf atombetriebene Eisbrecher, von denen der letzte 2007 in Dienst gestellt wurde. Darin arbeiten übrigens zwei Reaktoren des Typs, der bereits 1970 in die Lenin eingebaut worden war.

Das erste militärisch genutzte Schiff mit Atomantrieb war das US-amerikanische Atom-U-Boot Nautilus, das 1955 in Dienst gestellt wurde. Heute wird der Kernantrieb vor allem in militärischen U-Booten genutzt.

Boeing 707

Genau genommen handelte es sich bei der Boeing 707 um eine ganze Serie von Strahltriebwerk-Passagiermaschinen. Das erste Flugzeug dieser Serie, die 707-100, hatte bereits 1957 ihren Erstflug. Parallel zur 707-100 wurden weitere Varianten entwickelt, die allesamt 1959 ihren Erstflug absolvierten: 707-138, 707-200, 707-020. 707-300 und 707-400. Sie unterschieden sich unter anderem in ihrer Länge (41 bis 46,6 m) und ihrer Spannweite (39,9 und 43,4 m), der Anzahl der Sitzplätze sowie bei den Typen der verbauten Triebwerke und der Reichweite.

Obwohl ursprünglich nicht für Langstreckenflüge konzipiert, war genau das, was die Fluggesellschaften von der Boeing 707 wollten. Ihr Ziel war es, den Atlantik ohne Zwischenstopp zu überqueren. Die Reichweite der meisten 707er-Typen lag bei mindestens 8.000 km, was für die Strecke London-New York (ca. 5.600 km) mehr als ausreichend war. Erst ab Version 300 nahm man die Langstrecke bewusst ins Visier.

Am 10. Oktober 1959 schickte die US-amerikanische Fluggesellschaft Pan Am eine Boeing 707 auf die Reise um die Welt. Sie war das erste strahlgetriebene Passagierflugzeug, das unseren Planeten umrundete.

Abgesehen davon, dass die Boeing 707 während der frühen 1960er-Jahre ein Prestigeobjekt für viele Fluggesellschaften war, entwickelte sie sich schnell zur Standardmaschine für alle Anwendungen. Sie eignete sich für den zivilen und den militärischen Einsatz genau so wie für Passagier- und Frachtflüge. Sie ließ sich nicht nur mit geringem Aufwand für das jeweilige Einsatzgebiet ausrüsten, sondern eignete sich auch für alle nur erdenklichen Flugdestinationen. So wurde etwa bei der Boeing 707-200 besonderes Augenmerk auf extreme Einsatzbedingungen gelegt, wie sie etwa bei Start und Landung an besonders heißen oder hoch gelegenen Flughäfen auftreten.

Die zivilen Varianten der Boeing 707 wurden von 1958 bis 1982 gebaut. Für den militärischen Einsatz wurde sie bis 1991 gefertigt. Insgesamt wurden 1.010 dieser Flugzeuge gebaut. Die letzten zivilen Maschinen wurden 2013 außer Dienst gestellt. Die militärischen 707er fliegen bis heute.

TECHNISCHE DATEN				
Typ:	Boeing 707-138		Typ:	Boeing 707-400
Erstflug:	20. März 1959		Erstflug:	20. Mai 1959
Länge:	41,0 m		Länge:	46,6 m
Höhe:	12,7 m		Höhe:	12,9 m
Spannweite:	39,9 m		Spannweite:	43,4 m
Startgewicht:	117.000 kg		Startgewicht:	141.700 kg
Reichweite:	ca. 8.500 km		Reichweite:	ca. 8.700 km
Höchst-geschwindigkeit:	885 km/h		Höchstge-schwindigkeit:	885 km/h
Besatzung:	3 bis 4		Besatzung:	3 bis 4
Passagiere:	max. 179		Passagiere:	max. 219
Triebwerke:	4		Triebwerke:	4
Triebwerkleistung:	55,2 kN		Triebwerk-leistung:	77,8 kN

Der Mini

Als der Mini ab August 1959 zum Verkauf angeboten wurde, ahnte wohl noch niemand, dass es sich bei ihm nicht nur um einen Kleinwagen, sondern um ein echtes Kultobjekt handeln würde. Den Anstoß für die Entwicklung des Mini gab die erste Energiekrise, die ab 1956 die westliche Welt spürbar traf. Sie ist als Suezkrise in Erinnerung geblieben. Der Wagen war also aus der Not heraus geboren worden, denn er sollte vor allem sparsam und billig sein.

Einen Mini kaufte man sich aber nicht nur, weil man einen Kleinwagen brauchte oder das Geld nicht für einen größeren Wagen reichte. Einen Mini fuhr man, weil er eine Lebensphilosophie verkörperte. Der Mini passte genau richtig zur Beatles-Generation. Er verkörperte aber auch das Feeling des Minimalismus, des »Klein ist fein!«. Entsprechend wurde der Wagen von seinen Besitzern gehegt und gepflegt, und das über Generationen. Allein den Original-Mini baute die der British Motor Corporation BMC bis 2000. Bis dahin liefen 5.387.862 Einheiten vom Band. Während der ersten Jahre wurde der Mini noch als Austin Seven oder Morris Mini Minor verkauft. Erst ab 1969 wurde er unter seinem Spitznamen Mini vertrieben.

Vielleicht hielt sich der Mini auch so lange, weil seine Gestalt die Form des Kombis vorwegnahm. Mini war bei ihm übrigens alles, selbst seine Räder mit ihrem Durchmesser von nur 10 Zoll. Obwohl der Mini so klein war, bot er ausreichend Platz für vier Personen.

Der Motor

Für den Mini griff man auf einen bereits 1951 für den Austin 30 entwickelten Frontmotor zurück. Der Vierzylinder-Otto-Reihenmotor hatte einen Hubraum von 848 cm³. Seine maximale Leistung von 25,4 kW gab er bei 5.500 Umdrehungen pro Minute ab. Sein höchstes Drehmoment von 60 Nm entwickelte der kleine Motor bei 2.900 Umdrehungen pro Minute. Er besaß eine oben liegende Nockenwelle sowie zwei Ventile pro Zylinder. Der Motor wurde quer in der Front eingebaut. Unter ihm war das Getriebegehäuse angeflanscht, sodass auch das Viergangetriebe vom Motoröl geschmiert wurde. Synchronisiert waren nur die Gänge 2 bis 4.

Schon bald wurde der Mini auch mit größeren Motoren mit bis zu 51 kW Leistung und einem Hubraum von bis zu 1.071 cm³ angeboten. Damit erreichte der kleine Flitzer bis zu 148 km/h.

FAHRZEUGDATEN			
Typ:	Austin Mini	Radstand:	2.032 mm
Modell:	Kleinwagen	Leergewicht:	604 kg
Baujahr:	1959–2000	Antriebsart:	Vorderrad
Länge:	3.054 mm	Höchstgeschwindigkeit:	ca. 117 km/h
Breite:	1.410 mm	Verbrauch:	ca. 6,5 Liter/100 km
Höhe:	1.346 mm		

MOTORDATEN			
Zylinder:	4	Bohrung:	62,9 mm
Takte:	4	Hub:	68,3 mm
System:	Otto-Reihenmotor	Leistung:	25,4 kW (34,5 PS)
Hubraum:	848 cm³		

Talsperren und Stauseen

DIE HÖCHSTEN TALSPERREN

Talsperre	Bundesland	Gewässer	Kronen-höhe	Kronen-länge	Bauzeit
Rappbode	Sachsen-Anhalt	Rappbode	106 m	415 m	1952–1959
Rurtalsperre Schwammenauel	Nordrhein-Westfalen	Rur	77,2 m	480 m	1934–1959
Hohenwartetal-sperre	Thüringen	Saale	75 m	412 m	1936–1942
Okertalsperre	Niedersachsen	Oker	75 m	260 m	1949–1956
Sorpesee	Nordrhein-Westfalen	Sorpe	69 m	700 m	1926–1935
Schwarzen-bachtalsperre	Baden-Württemberg	Murg	65 m	400 m	1922–1926
Eckertalsperre	Niedersachsen/Sachsen-Anhalt	Ecker	65 m	235 m	1939–1942
Bleilochtalsperre	Thüringen	Saale	65 m	205 m	1926–1932
Schluchsee	Baden-Württemberg	Schwarza	63,5 m	250 m	1929–1933
Odertalsperre	Niedersachsen	Oder	62 m	316 m	1930–1933

DIE GRÖSSTEN STAUSEEN

Talsperre	Bundesland	Gewässer	Stauseevolumen	Bauzeit
Bleilochtalsperre	Thüringen	Saale	215 Mio. m³	1926–1932
Rurtalsperre Schwammenauel	Nordrhein-Westfalen	Rur	203 Mio. m³	1934–1959
Edertalsperre	Hessen	Eder	199,3 Mio. m³	1908–1914
Hohenwartetal-sperre	Thüringen	Saale	182 Mio. m³	1936–1942
Forggensee	Bayern	Lech	168 Mio. m³	1950–1954
Möhnetalsperre	Nordrhein-Westfalen	Möhne	134,5 Mio. m³	1908–1913
Rappbod	Sachsen-Anhalt	Rappbode	109,8 Mio. m³	1952–1959
Schluchsee	Baden-Württemberg	Schwarza	108 Mio. m³	1929–1933
Sylvensteinspeicher	Bayern	Isar	108 Mio. m³	1954–1959
Sorpesee	Nordrhein-Westfalen	Sorpe	70 Mio. m³	1926–1935

Sydney Opera House

Das Opernhaus von Sydney, Australien, zählt zu den herausragendsten Bauwerken des 20. Jahrhunderts und zu den berühmtesten der Welt. Entworfen wurde das Wahrzeichen von Sydney von dem dänischen Architekten Jørn Uzton.

Mit den markanten gekrümmten Dachschalen betrat er architektonisches Neuland. Nach dem Baubeginn 1959 musste immer wieder festgestellt werden, dass sich der Plan nicht in die Realität umsetzen ließ. Während der kommenden sechs Jahre wurde die komplexe Dachgeometrie zwölfmal neu entworfen. Mit den vor 60 Jahren vorhandenen Computern brauchte es allein 18 Monate, die Krümmung und die Statik des Dachs zu berechnen.

Eigentlich sollte die Oper am 26. Januar 1965 eingeweiht werden. Dieser Termin konnte nicht annähernd eingehalten werden. Erst im Herbst 1973 war das Bauwerk fertiggestellt. Auch die Baukosten sprengten jeglichen Rahmen. Ursprünglich war man von 7 Millionen australischen Dollar ausgegangen. Gekostet hat das Sydney Opera House letztlich über 100 Millionen Dollar und somit mehr als 14-mal so viel.

Heute sind die Schwierigkeiten und Skandale rund um den 1959 als großes Wagnis begonnenen Bau längst vergessen. 2007 wurde das Opernhaus zum UNESCO-Welterbe erklärt. Außerdem beansprucht Dänemark es als Bestandteil seines kulturellen Erbes.

Die ersten Mondsonden

Nicht einmal 15 Monate waren nach dem Start des weltweit ersten Satelliten vergangen, als die Sowjetunion am 2. Januar 1959 ihre erste Sonde zur Erforschung des Mondes erfolgreich startete. Sie war Teil des Lunik-Programms, das bereits Ende 1958 mit drei Fehlstarts seinen Anfang genommen hatte.

Lunik 1 war die erste Raumsonde, die den Nahbereich der Erde verließ. Eigentlich war geplant, sie auf dem Mond aufschlagen zu lassen. Durch einen Fehler flog sie jedoch an ihm vorbei und schwenkte in eine Sonnenumlaufbahn ein. Ihre letzten Funksignale wurden am Morgen des 5. Januar 1959 aus einer Entfernung von 600.000 km aufgefangen. Dann war ihre Batterie leer. Während ihrer Lebensdauer konnte mit Lunik 1 die Existenz der Sonnenwinde nachgewiesen werden, bei denen sie eine Geschwindigkeit von 400 km/s ermittelte. Außerdem lieferte sie Messwerte des Van-Allen-Strahlungsgürtels und entdeckte, dass der Mond kein Magnetfeld besitzt.

Am 12. September startete Lunik 2. Die Sonde erreichte den Mond nach 1,5 Tagen und schlug am 14. September 1959 um 2.24 Uhr Moskauer Zeit auf ihm auf. Zuvor hatte Lunik 2 die Messwerte ihrer Vorgängersonde bestätigt. Das Erreichen des Mondes hatte auch eine politische Komponente. So zeigte man den USA, dass sowjetische Interkontinentalraketen jeden Ort der Erde erreichen konnten.

Bereits am 4. Oktober 1959 wurde mit Lunik 3 die dritte erfolgreiche sowjetische Mondsonde gestartet. Ihre Aufgabe war es, Fotos von der Rückseite des Mondes zu schießen und zur Erde zu senden, wozu sie, anders als Lunik 1 und 2, eine Kamera an Bord hatte. Lunik 3 machte 29 Aufnahmen. Sie wurden an Bord entwickelt und über die alte Bildfunktechnik zur Erde übermittelt, was nur unter erheblichen Schwierigkeiten gelang. Nicht alle Fotos wurden auf der Erde empfangen. Die größte Erkenntnis dieser ersten Aufnahmen war, dass sich auf der Rückseite des Mondes mehr Krater befanden als erwartet. Nach nur einer Mondumrundung gelangte die Sonde wieder in das Schwerefeld der Erde, wo sie im April 1960 verglühte.

Von der Lunik-Mission sind zwischen dem 23. September 1958 und dem 19. April 1960 neun Raketenstarts bekannt. Fünf Sonden gingen bei Explosionen ihrer Trägerraketen verloren. Eine erreichte nicht die nötige Geschwindigkeit und fiel auf die Erde zurück. Die Fehlschläge wurden von der Sowjetunion nie bestätigt.

Reko-Loks

Spätestens in den 1930er-Jahren wusste man bei den Bahngesellschaften bereits, dass Diesel- und E-Loks wirtschaftlicher zu betreiben waren als die rußenden Dampfloks. Kein Wunder, dass die moderneren Loks zunehmend an Boden gewannen. Sie ließen das bevorstehende Ende der Dampflok bereits erahnen. Dennoch wurden 1959 noch immer Dampfloks gebaut – teils waren es Neuentwicklungen, teils nur Modifikationen deutscher Kriegslokomotiven.

Einen Sonderweg ging man bei der Deutschen Reichsbahn in der DDR. Dort wurden an bereits in Betrieb befindlichen Loks erhebliche Umbauarbeiten vorgenommen. Damit wurden zum einen Mängel an den meist aus dem Krieg stammenden Maschinen beseitigt. Bei der Baureihe 03.10. mussten unter anderem die Kessel ausgetauscht werden. Außerdem dienten die Modifikationen dazu, sie auch mit minderwertigen Kohlen mit ausreichender Leistung betreiben zu können, denn für Lokomotiven geeignete Steinkohle war inzwischen rar geworden. Dazu erhielten viele Reko-Loks einheitliche Führerhäuser und Laufradsätze.

So konnte die Lebensdauer der Dampfloks um bis zu zwei Wartungsperioden erweitert werden. Um 1959 wurden rund 400 ostdeutsche Dampfloks umgebaut, etwa im Jahr 1959 unter anderem 16 Stück der Baureihe 03.10.

TECHNISCHE DATEN			
Typ:	DR-Baureihe 03.10 Reko	Länge über Puffer:	23.905 mm
Baujahr:	1959	Dienstmasse:	104 t
Stück:	16	Leistung:	1.500 kW
Bauart:	2'C1'h3		

Asterix

Etwa 50 v. Chr. liegt dem Römischen Reich unter Julius Cäsar die damals bekannte Welt zu Füßen. Nur ein kleines gallisches Dorf in der französischen Bretagne leistet ihm erbitterten Widerstand. Seine Bewohner lieben die Natur und ihre Heimat, so wie sie ist. Von den Römern, die alles daransetzen, das kleine Dorf teils mit Gewalt, teils mit List und Tücke zu erobern, halten sie nichts.

Die Helden des Dorfs sind der kleine, schwächlich wirkende Asterix und sein großer, dicker Freund Obelix. Sie schützen ihr Dorf, gemeinsam mit ihren Bewohnern, immer wieder vor den Römern.

Der Zaubertrank des Dorfdruiden Miraculix verleiht ihnen übermenschliche Kräfte, die ihnen helfen, die Römer in Schach zu halten. Nur Obelix darf davon nichts trinken. Er war als Kind in den vollen Zaubertranktopf gefallen.

Die erste Asterix-Geschichte erschien im 1959 erstmals publizierten französischen Jugendmagazin Pilote. Darin wurden die Asterix-Abenteuer anfangs als Fortsetzungsgeschichten von je ein bis zwei Seiten Länge veröffentlicht. 1961 folgte das erste Asterix-Heft in Frankreich, 1967 der erste abendfüllende Zeichentrickspielfilm. Seit 1968 gibt es Asterix auch auf Deutsch.

Das schönste Auto von 1959

Kein anderes Auto verkörperte den amerikanischen Traum besser als der Cadillac Eldorado Biarritz Convertible von 1959. Er war der Inbegriff eines klassischen Straßenkreuzers. Mit seiner Länge von über 5,7 m, seiner Breite von mehr als 2 m und an die 2,3 Tonnen Gewicht erfüllte er alle Attribute eines stolzen US-Straßenkreuzers. Ein Gigant, neben dem ein VW-Käfer wie ein kleines Spielzeugauto wirkt.

Der Eldorado verkörperte Luxus pur. Kein anderer amerikanischer Wagen besaß höhere Heckflossen. Bei ihm waren sie fast einen Meter hoch. Sie sollten, wie die gesamte Karosserie, an Flugzeuge und Raumfahrt erinnern. Für den nötigen Glanz sorgte zudem reichlich Chrom.

Der Eldorado stand für vollendeten Komfort. Sein Dach und seine Sitze waren elektrisch verstellbar. Sogar die Fenster ließen sich elektrisch heben und senken zu einer Zeit, in der in deutschen Autos noch fleißig gekurbelt wurde. Wer keine Zugluft mochte, ließ sich von der eingebauten Klimaanlage erfrischen. Ferner bot der Straßenkreuzer bei Gegenverkehr automatisch abblendende Scheinwerfer und einen motorisch verschließbaren Tankdeckel.

Sein 6,4 Liter großer V8-Motor säuselte leise vor sich hin. Kaum hörbar setzte er den Wagen in sanfte Bewegung. Mit dem Eldorado fuhr es sich nicht, man schwebte mit ihm, wie auf einer Wolke sitzend, über die Straßen. Seine Federung ließ nicht einmal grobe Schlaglöcher spüren.

Seine Viergangautomatik trug ebenfalls zum Fahrkomfort bei. Mit seinen 257 kW entfaltete der V8-Motor eine Leistung, die man nicht einmal in deutschen Lkws fand. Mit ihr beschleunigte der Wagen in etwa 10 Sekunden von 0 auf 100 km/h – was ihn nicht gerade zu einem Geschoss machte. Aber mit einem Straßenkreuzer wollte man ohnehin nicht rasen. Mit ihm über die Landstraßen zu rollen war weitaus angenehmer und auch sparsamer. Denn wenn man den Motor forderte, schluckte er schon mal an die 35 Liter pro 100 km.

Kurven schneiden und scharfe Bremsmanöver mochte der Eldorado nicht. Wenig Freude dürfte man mit ihm auch in den engen Gassen deutscher Dörfer und Städte gehabt haben. Aber da wird man ihn ohnehin kaum gefunden haben.

FAHRZEUGDATEN

Typ:	Cadillac Eldorado	Radstand:	3.302 mm
Modell:	Cabrio	Leergewicht:	ca. 2.295 kg
Baujahr:	1959	Antriebsart:	Hinterrad
Länge:	5.715 mm	Höchstgeschwindigkeit:	185 km/h
Breite:	2.037 mm	Verbrauch:	ca. 15 bis 25 Liter Super/100 km
Höhe:	1.374 mm		

MOTORDATEN

Zylinder:	V8	Bohrung:	101,6 mm
Takte:	4	Hub:	98,4 mm
System:	Otto-Längsmotor	Leistung:	257 kW (349 PS)
Hubraum:	6.384 cm³		

Eine elastische Sache

Mit Elastan kam 1959 in den USA eine äußerst dehnbare und elastische Chemiefaser auf den Markt. Vermarktet wurde diese Faser zunächst unter dem Namen Fibre K.

Sie besteht aus mindestens 85 Prozent Polyurethan. Dieser Stoff sorgt für die Festigkeit der Fasern. Ihre hohe Elastizität erhalten sie durch Polyethylenglykol. Dem ist es zu verdanken, dass Elastan eine äußerst hohe Dehnbarkeit von bis zu 700 Prozent besitzt. Dabei ist es ausgesprochen fest und reißbeständig. Die Faser besitzt zudem eine dauerhafte Formbeständigkeit, sodass sie, nachdem sie gedehnt wurde, wieder in ihren Ausgangszustand zurückkehrt. Sie ist außerdem weich und glatt und fusselt nicht. Sie ist leicht, verknittert kaum, lässt sich leicht färben und ist waschbar.

Elastan wird Stoffen in der Regel nur beigemengt. Bei Bekleidungsstoffen beträgt der Anteil an Elastan etwa 2 bis 30 Prozent. Je höher der Anteil an Elastan, desto besser ist die Dehnbarkeit eines Stoffs. Bei Stretchhosen reicht bereits ein geringer Anteil an Elastan, um die gewünschten Eigenschaften zu erreichen. Bei Strümpfen, Bademode und Sportbekleidung ist der Elastan-Anteil hoch.

Elastan war, ohne dass uns das bewusst war, verantwortlich für eine Revolution in Sachen Bekleidung und Mode. Es sorgte nicht nur für den heute hohen Tragekomfort und eine gute Passgenauigkeit, sondern bildete auch den Grundstein für viele Modekreationen der letzten Jahrzehnte.

Das erste Heimtonbandgerät der DDR

Der Tonbandkoffer KB 100 von RFT in Leipzig war angeblich das erste für den Massenmarkt in der DDR gebaute Heimtonband. Das Halbspur-monogerät wurde für 988 DDR-Mark verkauft. Es war 36 × 30 × 16 cm (Breite × Tiefe × Höhe) groß und wog 13 kg. Das Gerät besaß zwei Band-geschwindigkeiten. Mit 9,5 cm/s bot es einen Frequenzgang von 60 bis 10.000 Hz, mit 4,75 cm/s deckte es den hörbaren Bereich von 60 bis 5.000 Hz ab. Zur Wiedergabe diente ein 15 cm großer Ovallautsprecher mit einer Leistung von 3 W. Das KB 100 war für 15-cm-Spulen ausgelegt. Das erlaubte zwar eine für damalige Verhältnisse kompakte Bauform, schränk-te die Spielzeit pro Seite aber doch erheblich ein. Mit einem 240 m langen Normalspielband waren das bei 9,5 cm/s rund 43 Minuten, mit einem 360 m langen Langspielband immerhin eine Stunde.

Zu den Highlights des RFT KB 100 zählten Anschlussmöglichkeiten für ein Mikrofon und ein Radio sowie für einen Zusatzlautsprecher. Außer-dem erlaubte es Trickaufnahmen. Das Gerät war für den Betrieb an 110, 127, 220 und 240 V Wechselspannung ausgelegt.

Tonbandgeräte wurden in der DDR zwar schon seit einigen Jahren ge-baut, sie gelangten aber kaum in den Verkauf. Sie wurden zum Beispiel in der NVA verwendet.

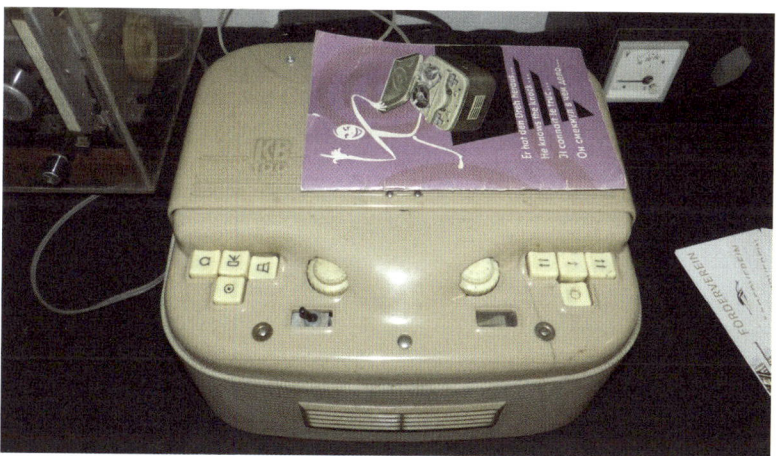

Die höchsten Leuchttürme Deutschlands

LEUCHTTÜRME AN KÜSTEN				
Name	Bundesland	Region	Feuerträgerhöhe	Baujahr
Leuchtturm Buk	Mecklenburg-Vorpommern	Ostsee	95 m	1878
Leuchtturm Dombusch	Mecklenburg-Vorpommern	Ostsee		95 m
Leuchtturm Helgoland	Schleswig-Holstein	Nordsee	82 m	1941
Leuchtturm Kap Arkona	Mecklenburg-Vorpommern	Ostsee	75 m	1902
Leuchtturm Amrum	Schleswig-Holstein	Nordsee	63 m	1875
Neuer Leuchtturm Borkum	Niedersachsen	Nordsee	63 m	1879
Leuchtturm Kampen	Schleswig-Holstein	Nordsee	62 m	1855
Leuchtturm Campen	Niedersachsen	Nordsee	62 m	1889
Leuchtturm Norderney	Niedersachsen	Nordsee	59 m	1874
Leuchtturm Greifswalder Oie	Mecklenburg-Vorpommern	Ostsee	49 m	1855

Die Feuerträgerhöhe gibt die Höhe des Leuchtfeuers vom Meeresspiegel aus gemessen an. Steht der Leuchtturm auf einer hohen Klippe, muss er so nicht besonders hoch sein, um eine hohe Feuerhöhe zu besitzen.

LEUCHTTÜRME AN BINNENGEWÄSSERN				
Name	Bundesland	Region	Feuerträgerhöhe	Baujahr
Neuer Lindauer Leuchtturm	Bayern	Bodensee	35 m	1856
Leuchtturm Moritzburg	Sachsen	Moritzburger Teiche	20 m	1780

Der Heliosturm nimmt eine Sonderstellung bei den deutschen Leuchttürmen ein. Der 1885 gebaute Turm diente der in Köln, Nordrhein-Westfalen, ansässigen Firma Helios als Test- und Vorführleuchtturm. Seine Feuerhöhe liegt bei 43 m.

IBM 1401

Im Oktober 1959 wurde mit dem IBM 1401 das weltweit erste bezahl-
und universell einsetzbare Business-Computersystem vorgestellt. Der
Rechner war zudem einer der ersten, die auf Transistortechnik basier-
ten. Außerdem war der IBM 1401 der erste Computer, von dem mehr
als 10.000 Stück verkauft wurden, womit er auch der beliebteste Rechner
der 1960er-Jahre wurde. Insgesamt wurden bis zu seinem Produktions-
ende im Jahr 1971 12.000 Einheiten abgesetzt.

Das System bestand neben dem eigentlichen Rechner, der Zentralein-
heit, aus einem Lochkartenlese- und -stanzgerät sowie einem Schnell-
drucker. Einen Monitor und eine PC-Tastatur gab es beim IBM 1401
noch nicht.

Programmierung und Aufgabenstellung erfolgten über Lochkarten. 800
Stück konnten pro Minute gelesen werden. Resultate konnten als Lochkarten (250 Stück pro Minute) oder in gedruckter Form (600 Zeilen pro
Minute) ausgegeben werden. Als Programmiersprache kam SPS (Sym-
bolic Programming System) zum Einsatz.

Zur Datenspeicherung konnte der IBM 1401 mit bis zu sechs Magnet-
bandeinheiten des Typs IBM-7701 verbunden werden. Über ein ebenfalls optional erhältliches Magnetplattensystem wurde der direkte
Zugriff auf bis zu 20 Millionen alphanumerische Zeichen ermöglicht.

Wenn ein Rennfahrer sein Auto schiebt

Das Finale der Automobilweltmeisterschaft, dem Vorläufer der Formel 1, wurde am 12. Dezember 1959 am Sebring International Raceway in Florida, USA, ausgetragen. Drei Fahrer, Jack Brabham (Australien), Tony Brooks (Großbritannien) und Stirling Moss (Großbritannien), hatten noch Chancen auf den Weltmeistertitel, wobei Brooks nicht mehr aus eigener Kraft gewinnen konnte. Brabham, dem die größten Chancen eingeräumt wurden, benötigte einen Sieg oder zumindest den zweiten Platz, wenn nicht Moss als Sieger hervorgehen sollte.

Bereits in der ersten Runde zwang eine Kollision Brooks in die Box. Ein anderer Wagen war in sein Heck gefahren. Erst nach zwei Minuten konnte er das Rennen auf nun aussichtsloser Position fortsetzen. Ein weiterer Unfall in Runde 1 sorgte für den ersten Ausfall eines Wagens. In Runde 2 blieb der nächste Wagen auf der Strecke liegen. Inzwischen hatte Sterling Moss die Führung übernommen und setzte sich vom Zweitplatzierten Jack Brabham ab. In Runde fünf musste Moss das Rennen wegen eines technischen Defekts vorzeitig beenden, was Brabham die Führung verschaffte.

Wegen technischer Gebrechen an ihren Wagen mussten bis Runde 23 acht weitere Fahrer vorzeitig abbrechen. Damit blieben von 18 Startern nur noch sieben im Rennen.

Der Abstand Brabhams zum zweit- und zum drittplatzierten Fahrer verringerte sich bis zur letzten Runde auf zwei und vier Sekunden. Zwei Kurven vor der Zielgeraden begann Brabhams Wagen zu stottern. Der Motor blieb stehen. Ihm war, während es bergauf ging, der Sprit ausgegangen. Als der Wagen am Beginn der Zielgeraden stehen blieb, sah Brabham nur einen Ausweg. Das Regelwerk schrieb vor, dass ein Fahrer ohne fremde Hilfe das Ziel erreichen musste. Also sprang der Australier aus seinem Cockpit und begann seinen Boliden bei drückender Hitze und Windböen zu schieben. Währenddessen fuhren Bruce McLaren und Maurice Trintignant durchs Ziel. Drei Minuten später erreichte Brooks als Dritter das Ziel, was ihm aber zu wenige Punkte einbrachte, als dass er dem immer noch schiebenden Brabham den Weltmeistertitel hätte streitig machen können. Dieser passierte schließlich als Vierter die Ziellinie und brach dahinter vor Erschöpfung zusammen. Sein Rückstand: fast fünf Minuten. Mit drei und vier Runden Verspätung kamen schließlich auch die letzten drei Rennfahrer ins Ziel.

Nach 1959 wurde Jack Brabham auch 1960 und 1966 Formel-1-Weltmeister.

Erster Normalpapierkopierer

Die erste Fotokopie war zwar schon 1938 angefertigt und der erste kommerzielle Kopierer bereits 1949 auf den Markt gebracht worden, aber 1959 sorgte der weltweit führende Hersteller von Kopierern, Xerox, für eine Revolution im Büro. Mit dem Modell 914 bot er erstmals ein Gerät an, das Kopien auf normalem Papier anfertigen konnte. Zuvor waren Kopien nur auf Spezialpapier möglich.

Der 914er entwickelte sich zu einem der erfolgreichsten Produkte des Herstellers. Er konnte Originale bis zu einer Größe von 228 × 356 mm kopieren und war in der Lage, pro Minute sieben Kopien anzufertigen. Die 117 × 107 × 45 cm (B × H × T) große und 297 kg schwere Maschine war mechanisch komplex aufgebaut. Sie neigte zu Überhitzung und fing schon mal Feuer. Deshalb stellte Xerox zum Kopierer einen Scorch-Eliminator, der nichts anderes war als ein kleiner Feuerlöscher, zur Verfügung. Dennoch wurde der Xerox 914 von seinen Besitzern meist mit Bedacht genutzt.

Die Maschine wurde bis 1977 produziert. 1965 kostete der Xerox 914 27.500 US-Dollar. Alternativ wurde er für monatlich 95 US-Dollar zur Miete angeboten.

Futuristisches Möbeldesign

Das Kuba Komet aus dem Jahr 1959 war das bekannteste und herausragendste Tonmöbel des deutschen Unternehmens Kuba-Imperial. Die Kombinationstruhe bestach durch ihr futuristisches Design, bei dem man nüchterne rechte Winkel zu vermeiden gewusst hatte. Markant war aber ihr Oberteil, das, einem Pfeil gleichend, weit nach oben ragte. Die Verwendung heller und dunkler Hölzer verlieh dem Teil einen zusätzlichen dreidimensionalen Charakter.

Die Kuba Komet maß 218 × 175 × 75 cm (B × H × T) und wog 192 kg. Der darin eingebaute Fernseher, damals selbstverständlich noch in Schwarz-Weiß, besaß eine Bildschirmdiagonale von 58 cm. Gegen Aufpreis konnte ein UHF-Tuner, der für den späteren Empfang des zweiten und dritten Programms erforderlich war, nachgerüstet werden.

Im Unterteil waren unter einer Klappe ein Vollstereoradiogerät für UKW, Lang-, Mittel- und Kurzwelle, vier Klangtasten sowie ein Stereoplattenwechsler Telefunken TW 501 und ein Tonbandgerät des Typs Telefunken KL75T eingebaut. Das TV- und das Radio-Chassis stammten aus eigener Produktion und trugen die Bezeichnungen Imperial FET 1021 SL und Imperial Vollstereo-Super 609. Für guten Ton sorgten acht eingebaute Lautsprecher mit bis zu 21 cm Durchmesser.

Das Kuba Komet wurde 1959 für 3.227 DM angeboten, was nach heutiger Kaufkraft mehr als 7.900 Euro entsprechen würde.

Schwebend über den Kanal

Am 7. Juli 1959 überquerte das erste Luftkissenfahrzeug den Ärmelkanal. Das Hovercraft hörte auf den Namen SR.N1 (Saunders-Roe Nauti-
cal 1). Es war das erste praxisgerechte, voll funktionsfähige Fahrzeug
seiner Art. In seiner Form ähnelte es jedoch kaum jenen Luftkissen-
booten, mit denen nur vier Jahre später der Linienverkehr zwischen
Dover und Calais aufgenommen wurde. Stattdessen erinnerte das SR.N1
mehr an eine fliegende Untertasse. Das in seiner Grundform elliptische
Boot war etwa 9,6 m lang und 7,6 m breit. In seiner Mitte befand sich
ein senkrechtes Rohr von etwa 3,1 m Durchmesser, in dem ein 1,65 m
großer Propeller Luft von oben ansaugte und sie unter das Schiff presste.
Davor war die Brücke in Form einer kleinen Kabine angeordnet. Die
Gesamthöhe des Hovercrafts lag bei gerade einmal 3,1 m.

Die Entwicklung von Luftkissenfahrzeugen reicht bis in das Jahr 1877 zurück. Damals wurde das erste Patent zum Thema Luftkissentechnik angemeldet. Ein erstes Luftkissenboot wurde 1915 von der österreichischen Kriegsmarine erprobt. Wegen noch zu großer technischer Hindernisse wurde das Projekt wieder eingestellt.

1937 baute die Sowjetunion ein 24 m langes Luftkissenfahrzeug, das von zwei 633-kW-Flugzeugmotoren angetrieben wurde. Damit sollen auf See über 130 km/h (70 kn) erreicht worden sein. Anschließend wurden wohl bis zu 15 weitere Boote gebaut. Allerdings wurde auch hier die Entwicklung eingestellt und erst 1954 wieder aufgenommen.

Wie zuvor in den anderen Ländern begann sich auch das britische Militär für Luftkissenfahrzeuge zu interessieren, es war maßgeblich an ihrem Entstehen beteiligt. Vom Militär kam im Zuge der Erprobungen des SR.N1 die Idee, um das Boot herum eine Gummischürze zu bauen. Sie erinnert an einen Schwimmreifen und ist noch heute für das typische Aussehen der Luftkissenfahrzeuge verantwortlich. Sie sorgt für eine wesentlich verbesserte Abdichtung des Luftkissens bei Unebenheiten, geringere Verlustströmungen und einen höheren Bodenabstand.

Der reguläre Passagierdienst mit Hovercrafts wurde 1962 im Norden von Wales aufgenommen. Ab 1966 wurde auch der Passagierdienst über den Ärmelkanal gestartet. Ab 1968 nahmen Luftkissenfahrzeuge des Typs SR.N4 ihren Dienst auf. Sie konnten sogar Autos und Busse über den Kanal transportieren. Zur Vorwärtsbewegung dienen den Hovercrafts Propeller, die für Reisegeschwindigkeiten um die 110 km/h sorgen.

Computer sollen kleiner werden

1 In den USA prophezeiten Fachleute, dass Computer in der Zukunft nicht größer sein würden als eine Thermosflasche. Die Entwicklungen zur Leistungssteigerung und Miniaturisierung wurden vor allem durch die Raumfahrt vorangetrieben, die dringend kleine und leistungsfähige Computer benötigte.

Computer in Deutschland

2 1959 hatte die Computertechnik in der BRD noch kaum Verbreitung gefunden. In den Bereichen Forschung, Handel, Industrie und Verwaltung waren erst 94 Computeranlagen zur digitalen Datenverarbeitung im Einsatz.

3

Multiweltrekord

Am 14. Dezember wurde mit einem US-amerikanischen Kampfflugzeug des Typs Lockheed F-104C Starfighter der Höhenweltrekord von 103.390 Fuß (31.514 m) aufgestellt. Bereits im Jahr zuvor hatte eine Maschine desselben Typs den Geschwindigkeitsweltrekord von 2.259,54 km/h aufgestellt. Außerdem hielt die F-104 den Weltrekord für die höchste Steigrate. Einen vierten Weltrekord stellte der Starfighter 1988 auf. Während einer Notlandung setzte er mit 435 km/h auf der Piste auf – die höchste Landegeschwindigkeit, mit der je ein Flugzeug erfolgreich gelandet werden konnte.

Manche mögen's heiß

Die amerikanische Filmkomödie »Some Like It Hot« kam am 29. März 1959 in die US-Kinos. Ihre Handlung: Chicago während der Zeit der Prohibition. Der Bassist Jerry (Jack Lemmon) und der Saxophonist Joe (Tony Curtis) arbeiten in einer als Beerdigungsinstitut getarnten Jazzbar. Sie verlieren ihren Job, als diese von der Polizei ausgehoben wird. Zufällig beobachten sie ein Massaker, begangen von ihrem bisherigen Chef »Gamaschen-Columbo«. Dieser will die beiden Zeugen aus dem Weg räumen.

Auf der Flucht vor den Gangstern und der Polizei tauchen Jerry und Joe als Frauen verkleidet in einer Damen-Jazzband unter. Dort werden die Probleme erst richtig groß, als sich Joe, der sich nun Josephine nennt, in die Sängerin Sugar Kane (Marilyn Monroe) verliebt. Regie führte Billy Wilder.

Der Film begeisterte mit seiner witzigen Handlung, viel Situationskomik und messerscharfen Dialogen von Beginn an ein Millionenpublikum. Ihm wurde nicht nur bescheinigt, die witzigste Komödie seit Langem zu sein, er bestach auch durch die herausragenden schauspielerischen Leistungen seiner Hauptdarsteller. Kein Wunder, dass »Some Like It Hot« zu den bekanntesten Filmen Billy Wilders zählt und der erfolgreichste Film von Marilyn Monroe wurde.

In Deutschland hatte der Streifen unter dem Titel »Manche mögen's heiß« am 17. September 1959 Premiere.

Die höchsten Brücken 1959

Rang	Brücke	Land	Länge	Bauzeit	Art
DIE HÖCHSTEN BRÜCKEN DER WELT					
1	Royal Gorge Bridge	Canon City, USA	291 m	Juni bis November 1929	Fußgängerbrücke
2	Glen-Canyon-Brücke	Page, USA	213 m	1957–1959	Straßenbrücke
3	Niouc-Brücke	Niouc, Schweiz	190 m	Fertigstellung 1922	Fußgängerbrücke
4	Pont de Gueuroz	Vernayaz, Schweiz	189 m	1932–1934	Straßenbrücke
5	Pont Sidi M'Cid	Constantine, Algerien	175 m	1909–1912	Straßenbrücke
6	Pont de la Caille	Allonzier-la-Caille, Frankreich	147 m	Fertigstellung 1838	Fußgängerbrücke
7	Puente Nuevo	Ronda, Spanien	120 m	1751–1793	Straßenbrücke
8	Müngstener Brücke	Remscheid, Deutschland	107 m	1894–1897	Eisenbahnbrücke
9	Ponte delle Torri	Spoleto, Italien	82 m	Gebaut um 1350	Aquädukt
10	Alcantara-Brücke	Alcantara, Spanien	71 m	Fertigstellung um 106 n. Chr.	römische Brücke

Rang	Brücke	Ort	Länge	Bauzeit	Art
DIE HÖCHSTEN BRÜCKEN DEUTSCHLANDS					
1	Müngstener Brücke	Remscheid	107 m	1894–1897	Eisenbahnbrücke
2	Echelsbacher Brücke	Rottenbuch	76 m	1928–1929	Straßenbrücke
3	Göhrener Viadukt	Wechselburg	68 m	1869–1871	Eisenbahnbrücke
4	Rendsburger Hochbrücke	Rendsburg	68 m	1911–1913	Eisenbahnbrücke
5	Mangfallbrücke	Weyarn	68 m	1958–1959	Autobahnbrücke

Eine haltbare Sache

Egal ob an Schuhen, Jacken oder Taschen, der Klettverschluss ist längst nicht mehr aus unserem Alltagsleben wegzudenken. Er schafft eine feste, sichere und dabei äußerst leicht zu bedienende Verbindung.

Als Vorbild für den Klettverschluss diente dem Schweizer Erfinder Georges de Mestral die Klette. Ihre Früchte bleiben gern an Kleidung und am Fell von Tieren hängen und müssen in der Regel recht mühsam abgezupft werden. Dies veranlasste de Mestral, eine Klette unter dem Mikroskop zu betrachten. Dabei entdeckte er zahllose kleine elastische Häkchen, die auch unter Gewalteinwirkung nicht abbrechen. Sie brachten ihn auf die Idee, einen textilen Klettverschluss zu entwickeln, der er 1951 zum Patent anmeldete.

Vermarktet wurde er erstmals 1959 unter dem Namen Velcro, der sich aus den französischen Wörtern Velours für Samt und Crochet für Haken zusammensetzt. Seit damals wurde der Klettverschluss kontinuierlich weiterentwickelt, sowohl was Art und Anzahl der Häkchen pro cm² Verschlussfläche als auch die verwendeten Materialien betrifft. Für die Raumfahrt wurde etwa ein absolut unbrennbarer Klettverschluss aus Glasfaser entwickelt. In der Luftfahrt wurden für den Fall eines Brands sich selbst löschende Klettverschlüsse konstruiert.

Der schlechteste Film aller Zeiten

1979 wurde der Film »Plan 9 aus dem Weltall« (Original: Plan 9 from Outer Space) zum schlechtesten US-Film aller Zeiten gewählt, einen Rang, den er auch heute noch belegen dürfte. Das Drehbuch des Films stammte von Ed Wood, der auch für die Regie, die Produktion und den Schnitt verantwortlich zeigte. Eigentlich wollte Wood ein berühmter Hollywoodregisseur werden. Dazu fehlten ihm aber sowohl das nötige Talent als auch die Geldmittel. Sie zwangen ihn, seine Filme binnen weniger Tage abzudrehen mit der Folge, dass er seine Schauspieler meist ohne Proben vor die Kamera schickte, die entsprechend ungeschickt agierten. Die meisten Szenen wurden nur einmal gedreht – egal ob sie gelangen oder nicht. Um noch mehr Kosten zu sparen, verpflichtete Wood für seine Produktionen als Schauspieler unter anderem seinen Chiropraktiker, den Sohn eines Finanziers und seine Freundin.

Mit »Plan 9 aus dem Weltall« erlangte Ed Wood postum Kultstatus. In dem Streifen versuchen Außerirdische, die Menschheit davon abzuhalten, eine Solarbombe zu entwickeln, mit der sie das gesamte Weltall vernichten könnte.

Die wirre Aneinanderreihung einzelner Szenen macht es dem Zuschauer schwer, Zusammenhänge zu erkennen. Auch der Sinn der Handlung erschließt sich erst mit der Zeit, vorausgesetzt, man bringt genügend Fantasie auf. Darüber hinaus gehört es zu Ed Woods Filmen, man immer wieder mal das Mikrofon sieht oder dass Kulissen wackeln.

Für den Streifen konnte Wood den ehemaligen Dracula-Darsteller Bela Lugosi verpflichten. Dieser verstarb jedoch kurz nach Beginn der Dreharbeiten im Jahr 1956. Erst 1958 entschloss sich Wood, die Produktion zu Ende zu führen. Dazu verwendete er die wenigen Takes, die er bereits mit Lugosi gedreht hatte, einfach mehrmals. Noch fehlende Lugosi-Szenen drehte er mit einem anderen Schauspieler, der mangels Ähnlichkeit stets ein Cape vor sein Gesicht halten musste.

Der Film wurde von einer Baptistengemeinde finanziert, die sich erhoffte, von den Einnahmen des Science-Fiction-Streifens genügend Geld für die Produktion eines religiösen Films zusammenzubekommen.

»Plan 9 aus dem Weltall« wird heute noch gern auf Filmakademien gezeigt, um den Studenten vorzuführen, wie man einen Film nicht machen sollte – etwa indem sich Tag- und Nachtszenen bunt abwechseln, Menschen mit einem anderen Auto am Ziel ankommen, als sie gestartet sind, oder viel zu kleine Requisiten eingesetzt werden.

Der Streifen ist längst zu einem Kultfilm avanciert. Er ist das Paradebeispiel eines Trash-Films und hat seinen Regisseur wie auch die Schauspieler unsterblich gemacht. 2006 wurde der 78-Minuten-Streifen sogar nachträglich koloriert.

Payola-Skandal

Der Rock 'n' Roll erlebte 1959 eine schwere Zeit. Während Stars wie Elvis Presley weiter von Teenagern angehimmelt wurden, litten andere Größen Tragödien. Buddy Holly etwa kam bei einem Flugzeugabsturz ums Leben. Die Plattenfirmen kämpften in jener Zeit mit harten Bandagen untereinander um die Aufnahme ihrer Titel in die Musikautomaten und um Spielzeit in den Radioprogrammen. Es war keine Frage, dass Plattenpromoter ständige Gäste bei den US-Radiostationen waren und diese mit Geschenken oder Geld davon zu überzeugen versuchten, bestimmte Titel zu spielen. Dieses Vorgehen wurde als »Payola« bezeichnet. Der Begriff setzte sich aus den Worten »pay« (englisch = bezahlen) und »Victrola« zusammen. Letzterer war ein Markenname für Grammofongeräte, bedeutete in diesem Zusammenhang aber »spielen«. Payola stand dementsprechend für »Bezahlen für das Spielen«.

Als sich der amerikanische Kongress der Sache annahm, waren Promoter bei den Sendern plötzlich keine gern gesehenen Gäste mehr. Darüber hinaus zwangen die Stationen ihre DJs, Ehrenerklärungen zu unterschreiben, in denen sie versprachen, keine Platten gegen Geld oder Geschenke zu spielen.

In den Sog der Ermittlungen geriet auch der bekannte DJ Allan Freed, der vielen Rock-'n'-Roll-Bands und meist schwarzen R&B-Gruppen zu Popularität verhalf. Er weigerte sich aus Prinzip, diese Erklärung zu unterschreiben, was ihm seine Jobs beim Radio und im TV kosteten. Er wurde durch Gerichtsurteile erniedrigt und von Steuerschulden erdrückt. Freed starb 1965.

Als weiterer bekannter TV- und Radiomann gelangte Dick Clark ins Visier der Ermittlungen. Obwohl er zahlreiche Beteiligungen an Plattenfirmen besaß und als Verleger die Rechte an 60 Songs innehatte, konnte ihm keine Geldannahme nachgewiesen werden. Dabei war offensichtlich, dass es in seinem Interesse lag, wenn Titel »seiner« Plattenfirmen im Radio gespielt wurden. Außerdem präsentierte er in seiner TV-Show bevorzugt eigene Stars.

Der Payola-Skandal konnte sich wohl nur entwickeln, weil manche Gruppen ein Interesse daran hatten, dem Rock 'n' Roll zu schaden. Denn neu war die Praxis, Musik gegen Geld zu spielen, keineswegs. Es war bereits während der 1920er in der Zeit der Big Bands üblich gewesen.

Andererseits war Payola eine Folge ihrer Zeit. Denn die damals noch neuen 45er-Singles ließen sich preiswerter als Schellacks herstellen, was zur Folge hatte, dass die Sender mit Neuerscheinungen überhäuft wurden. Und da suchten die Plattenbosse eben nach Wegen, nicht in der Vielfalt unterzugehen. Fragt sich nur, inwieweit die Payola-Praxis auch heute noch üblich ist.

Alan Freed und Dick Clark waren übrigens via AFN auch in der BRD zu hören.

Flutwelle!

Gleich drei Einstürze von Staumauern erschütterten 1959 die Welt. An die 1.300 Menschen mussten dabei ihr Leben lassen.

Talsperre Vega de Tera

Den Beginn machte am 9. Januar 1959 die Talsperre Vega de Tera. Sie befand sich in der nordspanischen Provinz Zamora in Kastilien-Leon nahe der portugiesischen Grenze. Sie war die zweite von fünf Talsperren am Rio Terra. Die Staumauer wurde Mitte der 1950er-Jahre gebaut. Ihre Höhe betrug 33 m, ihr Speichervolumen lag bei 7,3 Millionen m³.

In der Nacht vom 8. auf den 9. Januar 1959, gegen Mitternacht, gab die Staumauer des bis oben gefüllten Stausees nach, stürzte teilweise ein und verursachte eine Flutwelle mit mehr als 7 Millionen m³ Wasser. Diese erreichte nach sechs Kilometern das Dorf Ribadelago und überflutete es zu großen Teilen mit einer Wasserhöhe von bis zu 5 m.

Die meisten der über 140 Todesopfer wurden unter ihren eingestürzten Häusern begraben oder von der Flutwelle mitgerissenem Geröll und Schlamm verschüttet. Nur 28 Leichen wurden gefunden.

Die Ursache der Katastrophe lag in der falsch eingeschätzten Elastizität des Untergrunds. Obwohl Teile der Staumauer noch intakt waren, wurde sie nicht wieder aufgebaut. So staut sich hinter ihren Resten heute noch ein kleiner See.

1959

Staumauer Lomngtun

Die größte Staumauer-Katastrophe des Jahres 1959 ereignete sich am 21. Juli in der ostchinesischen Provinz Liaoning bei Lomngtun. Bei ihrem Bruch sollen über 700 Menschen umgekommen sein. Weitere Details sind nicht bekannt.

Barrage de Malpasset

Die Staumauer Barrage de Malpasset befand sich im südfranzösischen Departement Var bei Fréjus. Sie wurde zwischen 1952 und 1954 gebaut und war 66 m hoch. Ihr Stausee erstreckte sich über 2 km² und hatte ein Fassungsvermögen von rund 48 Millionen m³. Er diente zur Wasserversorgung der Region.

Am 2. Dezember 1959 um 21.13 Uhr brach die Barrage de Malpasset ohne Vorwarnung vollständig zusammen. Die anfangs bis zu 40 m hohe Flutwelle raste mit 70 km/h ins Tal und löschte die beiden Weiler Bozon und Malpasset aus. Als die Flutwelle 20 Minuten später die Stadt Fréjus erreichte, war sie immer noch 3 m hoch.

Bei dem Unglück kamen bis zu 510 Menschen um. Eine genaue Zahl ist nicht bekannt, da nicht alle Opfer gefunden wurden. Viele wurden bis ins Mittelmeer gespült.

Als Ursache für die Katastrophe galt eine tektonische Störung in der Nähe der Mauer. Sie sorgte für ein Aufstauen vom Sickerwasser, das die Widerlager der Staumauer nach oben wegdrückte und sie schließlich zum Einsturz brachte. Der anschließende Prozess ergab, dass am Einsturz niemand schuld war.

Die Barrage de Malpasset wurde nicht mehr aufgebaut. Die wenigen erhalten gebliebenen Reste dienen heute dem Gedenken an das furchtbare Ereignis im Dezember 1959.

Floatglasverfahren

Dass Glas so glatt und fehlerfrei ist, wie wir es heute gewohnt sind, haben wir einem Glasfertigungsverfahren zu verdanken, das erst 1959 von der britischen Firma Pilkington Brothers Ltd. entwickelt und patentiert wurde. Dabei wurde auf Ideen des britischen Ingenieurs Alastair Pilkington aus dem Jahr 1902 zurückgegriffen.

Beim Floatglas- oder auch Schwimmverfahren wird die Glasmasse als Erstes in einem Wannenofen geschmolzen. Währenddessen erreicht das Glas eine Temperatur von etwa 1.000 °C. Sobald die Masse auf 700 °C abgekühlt ist, läuft sie auf einem 30 cm tiefen Bad aus flüssigem Zinn. Darin sorgen beigemengtes Magnesium und Natrium für die Beseitigung von Lufteinschlüssen und Schwefelverunreinigungen. Um das Zinnbad vor Oxidation zu schützen, ist seine Oberfläche von einer Stickstoffatmosphäre mit etwas Wasserstoffanteil umgeben. Sobald das Glasband von Rollen erfasst ist, wird es auf 850 °C erhitzt. Dann wird das zähflüssige Glas durch Ziehen auf die gewünschte Dicke gebracht. Die Glasstärke ergibt sich aus der Ziehgeschwindigkeit. Weltweite Standardstärken sind 2, 3, 4, 5, 6, 8, 10, 12, 15, 19 und 24 mm. Danach wird es auf 650 °C abgekühlt und über Walzen aus dem Zinnbad gehoben. Im Anschluss durchläuft das Glasband einen Kühlofen.

Das Floatglasverfahren erlaubt die Herstellung absolut planer Oberflächen und an jeder Stelle gleich dicker Gläser. Das Glas ist außerdem ist es verzerrungsfrei. Das Zinn verleiht ihm zudem einen Glanz, der bei älteren Verfahren mit Schleifen und Polieren unerreichbar blieb.

Seit 1960 wird das Floatglasverfahren industriell angewendet. Dabei sind Mindestglasstärken ab etwa 0,4 mm möglich. Dieser Herstellungsprozess hat die Glasherstellung nicht nur revolutioniert, sondern auch wesentlich vereinfacht.

Davor wurden Gläser nach einem Walzverfahren hergestellt. Zum Erreichen einer spiegelglatten Oberfläche musste das Glas an beiden Seiten aufwendig geschliffen und poliert werden. Abgesehen von den hohen Fertigungskosten konnten diese Gläser nicht mit der heute als üblich betrachteten Reinheit aufwarten.

Heute werden etwa 95 Prozent der Flachgläser nach dem Floatglasverfahren produziert. Die Gläser werden unter anderem zu Spiegeln, Fensterglas und Autoscheiben weiterverarbeitet.

Die moderne Küche

Ende der 1950er-Jahre vollzog sich in den deutschen Haushalten, vor allem in der Küche, ein nachhaltiger Wandel, der durchaus einer Revolution nahekam. Vorbei war die Zeit, in der der Küchenherd und das Backrohr mit Holz und Kohle betrieben wurden und in der das Kochen mit mühevoller Handarbeit verbunden war.

Immer mehr E-Herde hielten Einzug und revolutionierten die Zubereitung von Speisen. Deren Kochdauer wurde nun berechenbar. Da ein E-Herd immer gleich warm wird, wusste die moderne Hausfrau ganz genau, wie lange ein Braten oder ein Kuchen brauchte.

Vermehrt fanden auch Kühlschränke und Tiefkühltruhen den Weg in die Haushalte und sorgen für eine längere Haltbarkeit der Lebensmittel. Sogar die Vorratshaltung über Monate hinweg wurde Realität.

Neben den teuren Elektrogroßgeräten waren es auch die kleinen elektrischen Küchenhilfen, die den Hausfrauenalltag erleichterten. So ersetzten etwa Mixer und Pürierstab den Handbesen, mit dem zuvor Teige schweißtreibend geschlagen werden wollten. Der Toaster sorgte für völlig neue kulinarische Erfahrungen. Die meisten dieser kleinen elektrischen Helferlein gab es mitunter schon seit Jahrzehnten, aber erst jetzt waren sie auf dem Weg, erschwingliche Massenartikel zu werden.

Kalter Krieg
in der Küche

Der damalige US-Vizepräsident
Richard Nixon war nach Moskau
gereist, um im Rahmen eines Kulturaustausch-
programms eine amerikanische Nationalausstellung zu eröffnen. Sie
sollte der Verständigung zwischen den USA und der UdSSR dienen.

In diesem Zusammenhang traf Nixon in der Küche eines amerikanischen Musterhauses mit dem sowjetischen Regierungschef Nikita
Chruschtschow zusammen. Umringt von Reportern und TV-Kameras,
versprach Nixon, dass das Zusammentreffen unzensiert und ungekürzt
im US-TV ausgestrahlt werden würde.

Beide Kontrahenten nutzten die Gelegenheit, die Vorzüge ihrer Wirt-
schaftssysteme zu erläutern. Bei der Vorführung eines Putzroboters
meinte Nixon, dass man nun keine Hausfrauen mehr brauche, worauf-
hin sich Chruschtschow erkundigte, ob die Amerikaner auch eine
Maschine hätten, die ihnen das Essen in den Mund steckte.

Mit der Zeit wechselte das Streitgespräch von Haushaltsartikeln zur
großen Weltpolitik. Der Kalte Krieg ließ grüßen. Immer mehr begannen
die beiden Mächtigen, sich wie zankende Halbstarke zu verhalten. Auf
Nixons Satz: »Wäre es nicht besser, bei der Leistung von Waschmaschi-
nen zu konkurrieren anstatt bei der Stärke von Raketen?«, entgegnete
Chruschtschow: »Eure Generäle sagen, lasst uns Raketen vergleichen. In
dieser Hinsicht können wir euch noch etwas zeigen!« Der Russe weiter:
»Drohungen werden wir mit Drohungen beantworten.« Doch Nixon
behielt die Fassung und erwiderte: »Keine Seite darf der anderen ein
Ultimatum setzen.« Dabei setzte er seinen Zeigefinger an die Brust des
mächtigsten Manns der UdSSR.

Im Nachhinein sind sich Analysten einig, dass dieses Zusammentreffen
entscheidend zur besseren Verständigung zwischen beiden Ländern
beigetragen hatte.

X-15

Die X-15 war ein von der US-Firma North American gebautes Experimentalflugzeug für Höhen- und Höchstgeschwindigkeitsflüge. Von der X-15 wurden drei Stück gebaut, sie wurde 1959 in Dienst gestellt. Die mit den Maschinen gesammelten Erfahrungen flossen unter anderem in das Apollo-Raumfahrtprogramm ein.

Das mit einem Raketentriebwerk ausgestattete Flugzeug bestand aus einer Struktur aus Stahl und Titan. Seine Außenhaut wurde aus dem hoch hitzebeständigen Inconel-X, einer korrosionsbeständigen Nickel-Chrom-Legierung, gefertigt. Auf diese Weise konnte das Gewicht der Maschine gering gehalten werden, ohne dass man Kompromisse bei den hohen mechanischen Anforderungen eingehen musste. Das Raketentriebwerk des Typs XLR-99 wurde mit Sauerstoff und Ammoniak angetrieben. Es entwickelte einen Schub von 235 kN.

Die X-15 startete nicht vom Boden aus, sondern wurde mit einer Trägermaschine, einer umgebauten Boeing B-52, in ihre Einsatzflughöhe von 12.000 m gebracht und dort ausgeklinkt. Erst danach wurde das Triebwerk gezündet. Anschließend flog die X-15 eine Flugbahn in Form einer Parabel. Dabei begann sie mit einem Steigflug und ging anschließend in einen Sinkflug über, bei dem sie wieder in die Atmosphäre eintauchte. Da das Raketentriebwerk nur eine Brenndauer von rund zwei Minuten hatte, war die X-15 meistens als Überschallsegelflieger unterwegs.

Mit der X-15 wurden mehrere Rekorde aufgestellt. Bereits 1960 wurde mit ihr eine Höchstgeschwindigkeit von 7.297 km/h, mehr als Mach 6,7, und eine Flughöhe von 107.960 m erreicht.

Laut international nicht verbindlicher Definition der Federation Aeronautique Internationale befindet sich die Grenze zum Weltraum in einer Höhe von etwa 100 km, womit die X-15 bereits bis zu dessen Rand vorgedrungen ist. Beide Rekorde wurden übrigens erst mit dem ersten Flug eines Spaceshuttles im Jahr 1981 gebrochen.

Während ihrer Einsatzzeit bis 1968 absolvierten die drei X-15-Experimentalflugzeuge 199 Flüge mithilfe von zwölf Piloten – unter ihnen der erste Mensch, der den Mond betreten hat: Neil Armstrong.

TECHNISCHE DATEN	
Erstflug:	17. September 1959
Länge:	15,5 m
Höhe:	3,9 m
Spannweite:	6,7 m
Startgewicht:	17.237 kg
Reichweite:	ca. 450 km
Höchstgeschwindigkeit:	7.297 km/h
Pilot:	1

Jede Sekunde ein Schilling

»Jede Sekunde ein Schilling« war eine TV-Show des österreichischen Fernsehens, die vom beliebten Showmaster Lou van Burg entwickelt worden war und ab 1958 in der Alpenrepublik mit großem Erfolg lief.

Ursprünglich hatte Lou van Burg sein Konzept deutschen Sendern angeboten, die jedoch kein Interesse zeigten. Sie verfolgten andere Showkonzepte, die sich zu fundamentalen Flops entwickelten. Nachdem man in Deutschland sah, wie prächtig sich die abgelehnte Show in Österreich entwickelte, während man selbst ohne brauchbare Ideen für neue TV-Shows dastand, entschied sich die ARD, »Jede Sekunde ein Schilling« zu übernehmen. Die deutsche Erstausstrahlung fand am 20. Juni 1959 statt, und die Show entwickelte sich auch hierzulande zu einem Fernsehhit.

Die Zuschauer fanden Gefallen daran, den Kandidaten dabei zuzusehen, wie sie vermeintlich simple Aufgaben unter sich plötzlich erschwerten Bedingungen zu lösen hatten – etwa ein Lied zu singen, während sie mit Wasser bespritzt wurden. Jede Sekunde Durchhalten wurde mit einem Schilling belohnt.

Die Show lief bis 1961 im deutschen TV und legte den Grundstein für Lou van Burgs Beliebtheit. Für die deutschen Sender war die Spielshow insofern eine Schmach, als sie ihr Potenzial ursprünglich nicht erkannt hatten.

Golden Arrow

Am 27. Januar 1959 hob die Convair CV-880 zu ihrem Erstflug ab. Das vierstrahlige Verkehrsflugzeug war von der Consolidated Vultee Aircraft Corporation als Konkurrenz zur Boeing 707 und zur Douglas DC-8 entwickelt worden.

Die Maschine machte einerseits von sich reden, weil sie zu den schnellsten Verkehrsflugzeugen zählte. Ihre Reisegeschwindigkeit lag bei 990 km/h (Mach 0,87). Selbst heute liegt die durchschnittliche Reisegeschwindigkeit nur bei etwa 900 km/h. Ihre hohe Geschwindigkeit hat der Convair CV-880 den Beinamen Golden Arrow eingebracht.

Die Convair CV-880 war nicht nur pfeilschnell, sie zählte auch zu den lautesten je gebauten Passagierjets. Wegen ihres hohen Treibstoffverbrauchs und den nur rund 88 bis 100 Sitzplätzen zeigten die Fluggesellschaften kaum Interesse an der Maschine. Von 1959 bis 1963 wurden nur 65 Stück gebaut.

Gemeinsam mit ihrer ab 1961 37 Mal produzierten Schwestermaschine, der CV-990, sorgte die CV-880 für den bis heute größten Misserfolg, den je ein Flugzeughersteller einstecken musste, ohne bankrott zu gehen. Der bis 1963 entstandene Schaden von nach heutigem Wert 3,3 Milliarden US-Dollar führte jedoch zur Einstellung der Flugzeugherstellung. Man stellte sich als Zulieferbetrieb neu auf.

Back from Space

Die Russen hatten mit der Hündin Laika bereits im November 1957 das erste Lebewesen ins All geschossen, allerdings nicht mit der Absicht, es auch wieder zur Erde zurückzuholen.

Am 28. Mai 1959 traten zwei Rhesusaffendamen, Able und Miss Baker, in der Spitze einer US-amerikanischen Rakete des Typs Jupiter AM-18 ihre Reise in den Weltraum an. Sie sollten, stellvertretend für die Menschheit, die Auswirkungen der Schwerelosigkeit testen. Dazu wurden die beiden katzengroßen Affen in je einer Art Käfig festgeschnallt und verkabelt. Der Weltraumflug der beiden Affen dauerte nur etwa 15 Minuten. Beide landeten nach einem etwa 2.500 km langen Flug wohlbehalten in der Nähe der Karibikinsel Antigua. Damit sind Able und Miss Baker die ersten Astronauten, die lebend zur Erde zurückkehrten.

Der Flug erbrachte wertvolle Erkenntnisse über das Verhalten des Organismus in der Schwerelosigkeit. Außerdem war damit bewiesen, dass eine Rückkehr aus dem All möglich ist.

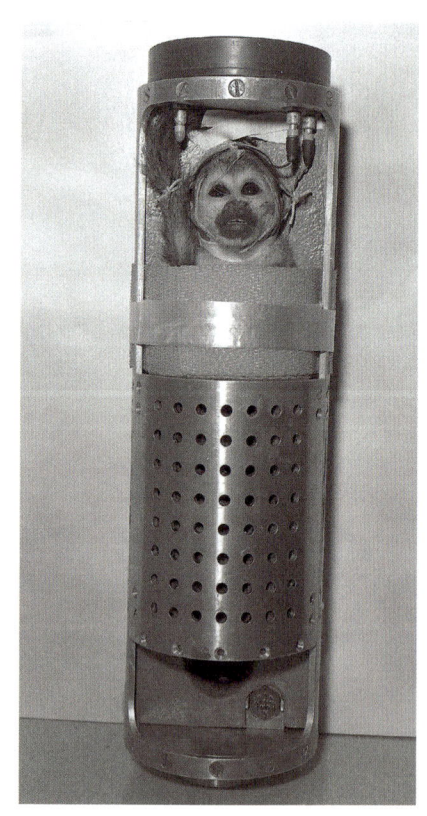

Unmittelbar nach der Landung sprangen beide Affen fröhlich umher. Bei Able entzündete sich allerdings eine unter ihrer Haut eingepflanzte Elektrode. Während der Operation zur Entfernung der Elektrode verstarb die Affendame vier Tage später. Sie wurde ausgestopft in jener Käfigröhre, in der sie im Weltraum war, im Raumfahrtmuseum in Washington ausgestellt. Miss Baker lebte bis 1984.